一起见证
机器人的诞生！

SUPER SCHOLAR
我是学霸

ROBOT Hello
机器人

项华◎编著

[土]格克切·阿古尔◎绘

北京联合出版公司
Beijing United Publishing Co.,Ltd.

图书在版编目（CIP）数据

Hello 机器人 / 项华编著 ;（土）格克切·阿古尔绘 . —
北京 : 北京联合出版公司 , 2021.9（2023.9 重印）
（我是学霸）
ISBN 978-7-5596-5450-2

Ⅰ . ① H… Ⅱ . ①项… ②格… Ⅲ . ①机器人 – 儿童读
物 Ⅳ . ① TP242-49

中国版本图书馆 CIP 数据核字 (2021) 第 143779 号

出 品 人：赵红仕
项目策划：冷寒风
作　　者：项 华
绘　　者：[土] 格克切·阿古尔
责任编辑：夏应鹏
特约编辑：韩 蕾
项目统筹：李楠楠
美术统筹：田新培　纪彤彤
封面设计：罗 雷

北京联合出版公司出版
（北京市西城区德外大街 83 号楼 9 层　100088）
文畅阁印刷有限公司印刷　新华书店经销
字数 20 千字　720×787 毫米　1/12　4 印张
2021 年 9 月第 1 版　2023 年 9 月第 3 次印刷
ISBN 978-7-5596-5450-2
定价：52.00 元

ROBOT

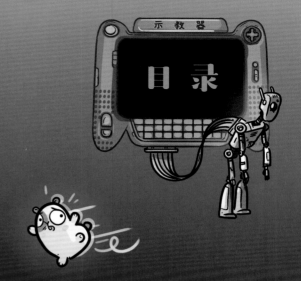

示 教 器

目 录

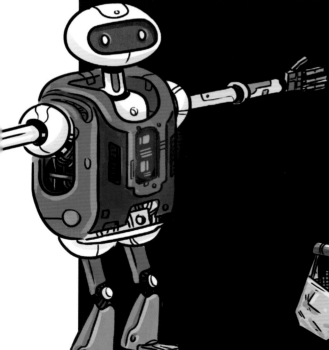

……家，他和同事们精心研发的新型机器人——小布终于在实验室里诞生了！

你好，博士。

机器人是一种用程序控制、具有类似某些生物器官功能的自动装置，能够移动或者完成某种特定的活动。

我也是机器人！

扫地机器人

工业机器人

机器人可以代替人类从事某些工作，为人类提供帮助。一些复杂的机器人还可以适应多变的工作环境。

别看我只是一个圆圆的盒子，我能帮助人类清扫地面，并且效率比他们更高。

人类对机器人充满了幻想，在真正的机器人诞生之前，很多人把机器人写进了自己创作的小说里。

机器人的英文名字是"robot"，它是由捷克的一位科幻作家提出的。

一位叫阿西莫夫的作家写了很多关于机器人的短篇小说，在小说中，为了保护人类，他给机器人制定了"**机器人三原则**"。

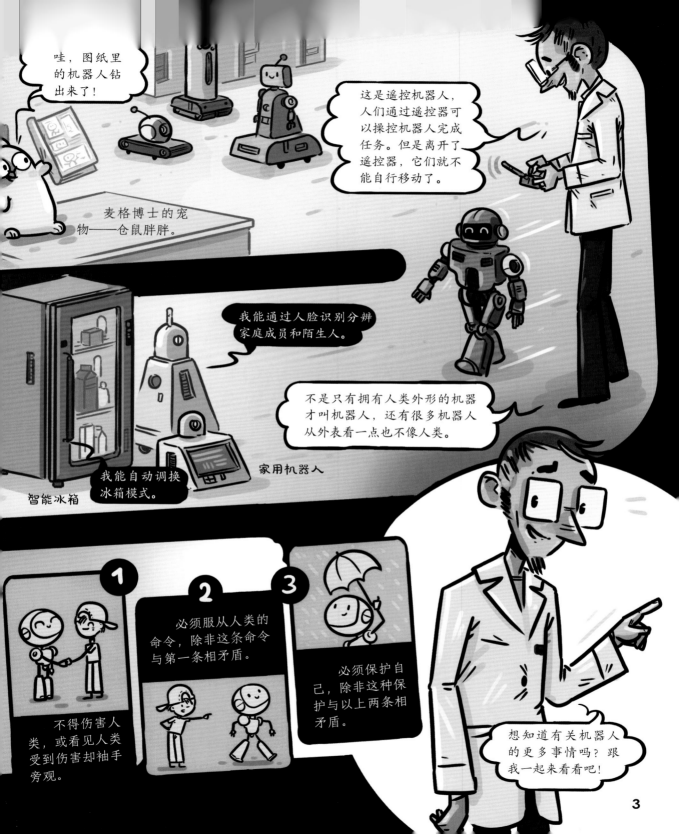

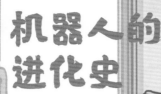

机器人的进化史

麦格博士打开了一台放映机，屏幕上立刻放映出记录机器人历史的影片，小布和胖胖看得津津有味。

很久很久以前，一些发明家总想制造一种会动的机器，让它们代替人类去完成一些工作。

让我们先来看看2000多年前的古希腊！

只要投入硬币，瓶子就能自动放出圣水！

古希腊有一位机械学家发明了最原始的"机器人"——一台"圣水自动贩卖机"，顾客从投币口投入的硬币落在碟子上面，碟子就会倾斜，使瓶子底部的塞子抬起，圣水便会从出水口涌出。

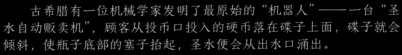

到了 16、17 世纪，出现了几十种被称为自动玩偶的简单机器。它们可按一定规律自动运行，动起来就像是变魔术一样。

后来，一些发明家又发明出了拥有模仿人和动物的能力的自动玩偶。

这个自动玩偶是由瑞士的一位钟表匠制作的。

它可以自动在纸上写字。

它看起来就像一个小男孩。

玩偶的身体其实是用各种机械零件组装的。

这只鸭子也是自动玩偶呀！

1738年，法国的杰克·戴·瓦克逊发明了一只机器鸭，它会嘎嘎叫，会游泳和喝水，还会进食和排泄。据说在它"吃"进东西后，体内隔间里的混合物就会从身体下面的小洞里掉出来。

日本的发明家制作出了一种端茶玩偶，当盛满水的茶杯被放在玩偶手上时，玩偶的手臂就会感受到茶杯重量而下沉，从而触动齿轮的转动，玩偶就会开始行动。当客人取茶杯时，它还会自动停止行走。

那机器人是什么时候诞生的呢？

第一批真正的机器人出现在20世纪20年代，但是它们都不会行走。

到了1939年，美国制造出了一台能勉强行走的机器人，它可以说700个左右的单词，还有一只宠物狗机器人陪伴着它。

奇妙的身体结构

小布对自己的"身体结构"很感兴趣，于是麦格博士向它讲解了机器人是怎么构成的。

机器人的结构和我们人类的身体结构相似，拥有可以活动的"身体"、给"身体"传送能量的"循环系统"、控制身体行动的"大脑"等。

智能系统让机器人有了"智慧"。其中的传感器就是机器人的"五感"，可以让机器人看到周围的事物，听到人们在说话等。

机器人的"大脑"叫控制系统，里面藏了很多精密的小芯片，它可以告诉机器人做什么和如何行动。

机器人的手部有很多传感器，能感知到物体的重量、温度等。

机器人的"身体"也叫执行机构，它可以让机器人用与人类或其他生物相似的方式完成各种任务。

机器人分为固定式和移动式，其中移动式机器人又可以根据不同的移动方式分类。

让"身体"动起来的部分叫驱动－传动系统，它可以把机器人"吃"进身体里的能量运送到身体各处，从而让身体的各部位正常行动。

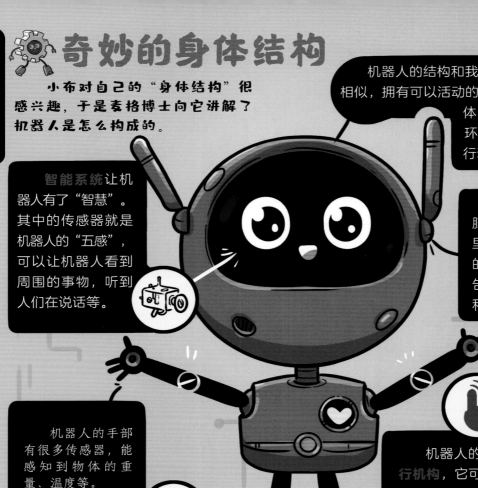

步行式

轮子式

履带式

机器人和我们一样需要"吃"东西补充能量。不过它们的食物大多是"电"。

是谁制作出了机器人呢？

一台复杂机器人的制作不是由一个人完成的，它需要很多不同岗位的工作人员分工合作。

开发工程师负责机器人的方案设计，他们在设计过程中会优先考虑机器人能不能更好地执行任务。

完美！

机械工程师把机器人的"身体"制造出来，他们需要让零件的尺寸和形状不差一丝一毫。

电子工程师负责电路部件的设计和制作，机器人很快就可以动起来啦。

软件工程师会给机器人编制程序，这样机器人就会知道在什么情况下完成什么任务。

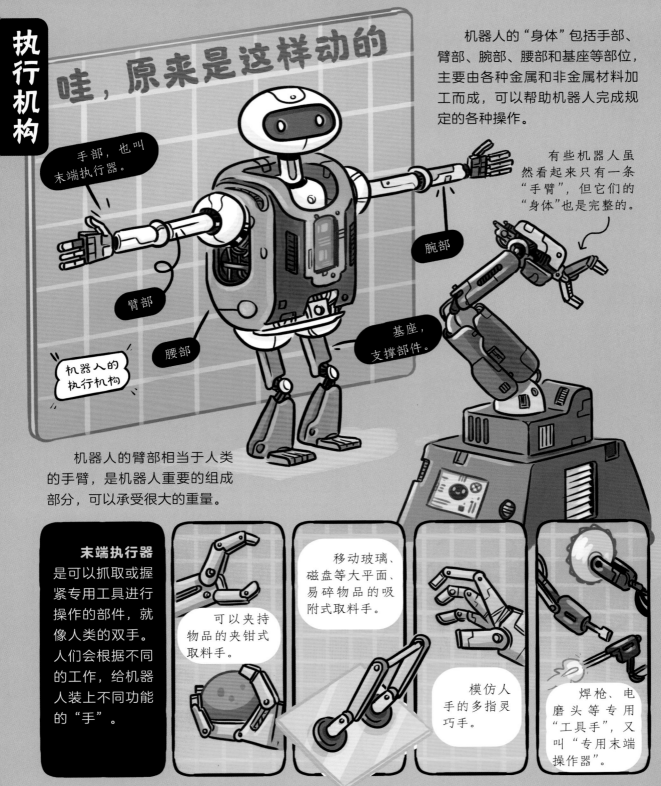

哇，原来是这样动的

机器人的"身体"包括手部、臂部、腕部、腰部和基座等部位，主要由各种金属和非金属材料加工而成，可以帮助机器人完成规定的各种操作。

手部，也叫末端执行器。

有些机器人虽然看起来只有一条"手臂"，但它们的"身体"也是完整的。

腕部

臂部

腰部

机器人的执行机构

基座，支撑部件。

机器人的臂部相当于人类的手臂，是机器人重要的组成部分，可以承受很大的重量。

末端执行器
是可以抓取或握紧专用工具进行操作的部件，就像人类的双手。人们会根据不同的工作，给机器人装上不同功能的"手"。

可以夹持物品的夹钳式取料手。

移动玻璃、磁盘等大平面、易碎物品的吸附式取料手。

模仿人手的多指灵巧手。

焊枪、电磨头等专用"工具手"，又叫"专用末端操作器"。

我可以把篮球精准地投进篮筐，这都是手腕的功劳。

有些机器人不仅拥有灵活的"手"，还拥有灵活的"手腕"，可以往各种方向自由地移动。

要想让机器人动起来，就需要驱动－传动系统的帮助。**驱动器**相当于人类的"肌肉"，可以把能量转变为动力，带动机器人体内的各个部位，让机器人开始行动。

驱动器分为电动机、液动装置和气动装置。

机器人的关节中有很多金属轴。

这些金属轴开始转动时，机器人的身体也会一起行动。

而当这个轴调整了转动方向时，机器人也会跟着转动。

传感器

看得见，摸得着

可惜我不能享用了，我品尝不到蛋糕和牛奶的甜味。

不过我在你的手上加了传感器，你可以感受到蛋糕的软硬和牛奶的冷热。

胖胖正在享用下午茶（一块软软的蛋糕和一杯温温的牛奶），小布在一旁一边充电，一边好奇地看着它。

就像我们可以用眼睛看见东西、用耳朵听到声音、用身体感知到物体的温度和力度一样，现在一些先进的机器人也可以获得这些感受。

1 机器人的视觉系统通常由摄像头等部分组成，可以看到外界的事物，辨别事物的距离、颜色、明暗等。

传感器是机器人用于获取外界信息的部件，能将视觉、听觉等信息转化成机器人能理解的电信号，再传送到机器人的"大脑"里。

2

机器人的"耳朵"也叫听觉传感器，可以接收我们发出的声音，再通过内部的**语言识别系统**把声音转化成机器人能听懂的语言。当机器人理解了我们提出的问题后，就可以做出正确的解答了。

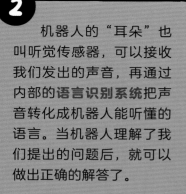

通过训练，我还能识别不同的语言和数字。

机器人还会根据传感器发回的信息建立周围环境地图，从而规划下一步的行动。

3

这个冰块好凉！

这是只毛茸茸的小猫。

科学家给机器人装上了带有触觉传感器的双手，这样它们就和人类一样能够感受到冷热、软硬等。当它们触碰物体时，可以识别物体的状态，把获得的信息反馈到"大脑"里。

4 力觉传感器能让机器人自主判断力度的大小，用更合适的力度控制物体。

力度小了，纸会掉在地上；力度大了，纸会被捏坏。

麦格博士还给小布设置了一个任务，让它试着用手拿起一沓薄薄的纸，小布能控制好力度吗？

小布用不大不小的力度，成功地拿起了纸。

看来小布的力觉传感器起到作用了！

接近感应传感器可以让机器人感知到是否有障碍物正在接近自己，从而及时避开。

5

不断进化的"大脑"

麦格博士不仅能够快速地学习知识，还能够做出各种厉害的机器人。那么机器人也有这么厉害的"大脑"吗？

机器人的控制系统就像"大脑"，可以指挥机器人的"身体"去完成各种不同的任务。随着科技的发展，机器人的"大脑"也越来越厉害了。

机器人工程师在电脑上编制程序，并放进机器人的"大脑"中形成指令。

大多数机器人的"大脑"都包括硬件和软件系统。

机器人会根据"大脑"发出的指令完成工作，它们的一切行动都听从"大脑"的指挥。

请向我下达 指令

机器人最开始被发明的时候，只能执行预先设置好的程序，没有自己的"想法"。如果工作内容有变化，机器人工程师需要重新为机器人编制程序。

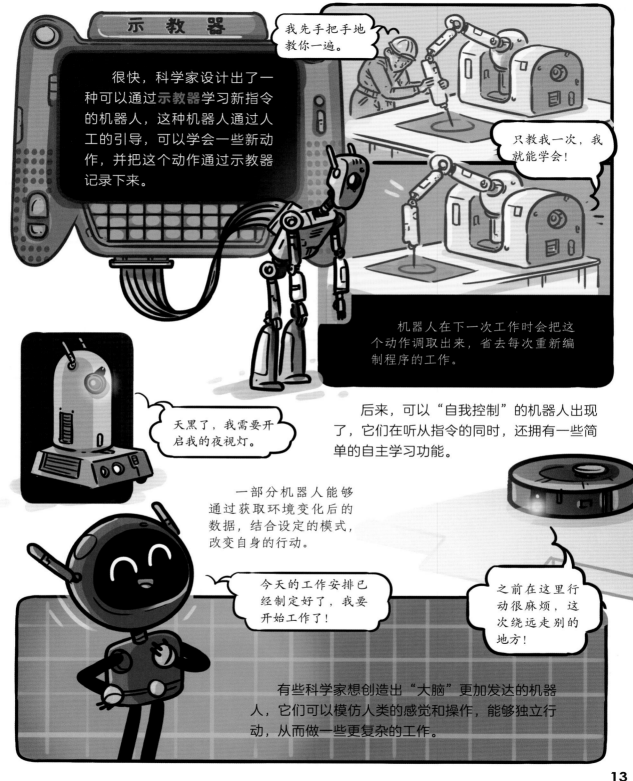

很快，科学家设计出了一种可以通过**示教器**学习新指令的机器人，这种机器人通过人工的引导，可以学会一些新动作，并把这个动作通过示教器记录下来。

我先手把手地教你一遍。

只教我一次，我就能学会！

机器人在下一次工作时会把这个动作调取出来，省去每次重新编制程序的工作。

天黑了，我需要开启我的夜视灯。

后来，可以"自我控制"的机器人出现了，它们在听从指令的同时，还拥有一些简单的自主学习功能。

一部分机器人能够通过获取环境变化后的数据，结合设定的模式，改变自身的行动。

今天的工作安排已经制定好了，我要开始工作了！

之前在这里行动很麻烦，这次绕远走别的地方！

有些科学家想创造出"大脑"更加发达的机器人，它们可以模仿人类的感觉和操作，能够独立行动，从而做一些更复杂的工作。

拥有"智慧"的机器人

小布接到了一项需要外出的任务，在回实验室的路上，它听到了两个路人在讨论人工智能。

> 是啊，我上次在机器人展会上就看到一款人工智能机器人。

回到实验室后，小布忍不住向麦格博士请教什么是人工智能。

> 现在的人工智能越来越厉害了！

> 人工智能是机器人吗？

> 不是的，人工智能指的是一种模仿人类思考能力的技术。

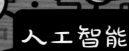

人工智能

人工智能是使用计算机来模拟人类的某些思维过程，运用智力来学习、推理、思考的技术。科学家把这种技术用在了机器人身上，机器人也像人一样拥有"智慧"了。

无人驾驶

人工智能已经涵盖了生活中很多领域。

网络客服

机器人

计算机科学

人工智能包含了很多学科的知识。

哲学

心理学

人工智能机器人通过已经掌握的信息和技术，可以自主地计划、推理和解决问题，并做出决策和采取行动。它们还可以根据以往的数据，举一反三，从而执行新的任务。

识别和理解新的任务。

思考和推理新的难题。

调取以前的事件记录和数据进行分析。

有些人工智能机器人就像"小孩子"，可以通过观察获取新数据，从而变得越来越"聪明"。

1 观察

2 学习

3 行动

机器人会不会产生自我意识与情感呢？它们会和我们一样，有高兴、伤心的情绪吗？

博士，那我什么时候才能拥有真正的意识？

这个问题还需要科学家慢慢地探索和研究。

科学家和工程师给机器人编制了一些模拟思维的代码，但想要机器人产生真正的意识绝没有想象的那么简单。

欢迎来到智能家庭

人工智能技术走进家庭后，我们的家会变得更加智能化。

智能化的家会是什么样子的呢？

未来智能家庭的24小时

灯光自动打开。

早上好，昨晚睡眠质量很好哦！

早上7点

我该起床时，房间里会开始放音乐。机器人管家把我从睡梦中叫醒后，它又去面包机前烤面包了。很快，香喷喷的早餐就做出来了。

早餐已做好！

快递已签收

如果有陌生人来到了家门口，机器人是不会放他进门的。

智能系统在家里没人的时候会自动进入无人节电模式。

上午10点

我出门上班了，家里一个人也没有。"丁零零"，有个快递到了，机器人管家被自动唤醒，代替我签收了这个快递！

扫地机器人可以自动规划一张家庭地图，并按照地图的规划来清扫。

下午3点

我用手机远程操控机器人管家开始大扫除，扫地机器人也出动了。不知不觉，家里就被打扫得干干净净。

晚上回到家，天已经暗了，我准备去做晚饭，冰箱向我推荐了一份食谱，就显示在它大大的屏幕上。然后我从冰箱里拿出材料开始做晚饭。

晚上6点

始扫

房间一直维持在一个舒适的温度。

进入待机

机器人管家在客厅里帮助我收拾餐桌，我做好饭后就可以一边吃饭一边看电视了。

电视已打开！

我回到家后，电视已经自动启动并调到了我最喜欢的节目。

深夜10点

我躺在床上，家里的智能系统调成了睡眠模式。客厅里的电视和音响系统都自动关闭了，电灯也在缓缓调暗，在这样安静舒适的环境中，我很快进入了梦乡。

安防系统仍然在守护着家庭的安全。

工厂不停运转的秘密

有一天，麦格博士带着小布和胖胖来到了汽车工厂。

为什么工厂里有这么多机器人？

因为工厂里的很多工作十分危险，重复性又很高，于是人们把工业机器人搬进了工厂，它们可以代替工人完成这些工作。

在工厂的不同区域，很多**工业机器人**在各自的"岗位"上独立工作。有的机器人负责组装零件，有的机器人负责给汽车喷漆。工厂各区域形成一条流水线，能够让一辆汽车被快速地生产出来。

有些工业机器人可以完成很精细的工作，比如准确地抓取物体，放到特定位置。

在1959年，世界上第一台工业机器人尤尼梅特诞生了。

很多只有一只"手臂"的机器也都是工业机器人，它们的力气非常大，可以提起很重的东西。

装配机器人可以完成抓取、旋转等工作，把汽车的零部件组装到一起。

工业机器人不会感觉到"劳累"，只要能源充足，它们就可以不停歇地工作，按时完成生产任务。

天呀，这个机器人好厉害！

喷涂机器人的腕部可以向各个方向灵活运动，从不同的角度喷涂汽车表面。

焊接机器人能代替工人完成危险的焊接任务，不让火星和火光伤害到工人。

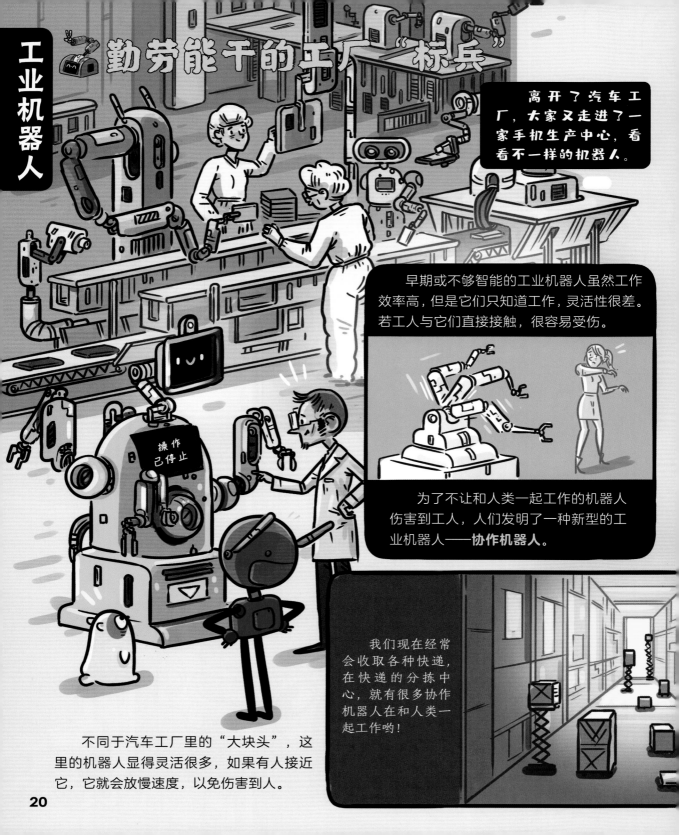

勤劳能干的工厂"标兵"

离开了汽车工厂，大家又走进了一家手机生产中心，看看不一样的机器人。

早期或不够智能的工业机器人虽然工作效率高，但是它们只知道工作，灵活性很差。若工人与它们直接接触，很容易受伤。

操作已停止

为了不让和人类一起工作的机器人伤害到工人，人们发明了一种新型的工业机器人——协作机器人。

我们现在经常会收取各种快递，在快递的分拣中心，就有很多协作机器人在和人类一起工作哟！

不同于汽车工厂里的"大块头"，这里的机器人显得灵活很多，如果有人接近它，它就会放慢速度，以免伤害到人。

机器医生在工作

机器人在医疗领域发挥着巨大的作用，未来我们在医院里也许可以看到各种类型的**医疗机器人**。它们可以自主导航，不会与病人和其他物品相撞。

麦格博士不小心受伤了，需要住院一周，小布和胖胖来到医院探望他。

医院里的**配送机器人**每天都会给病人送药、食物和水。

好的，已清点完毕！

请把这个药给6号房的病人。

如果我发生意外情况，它还可以帮助我呼叫医生。

是的，先生，我现在要叫医生帮你做检查了。

在住院部，只要病人需要，**护理机器人**就会上前去照料他们。

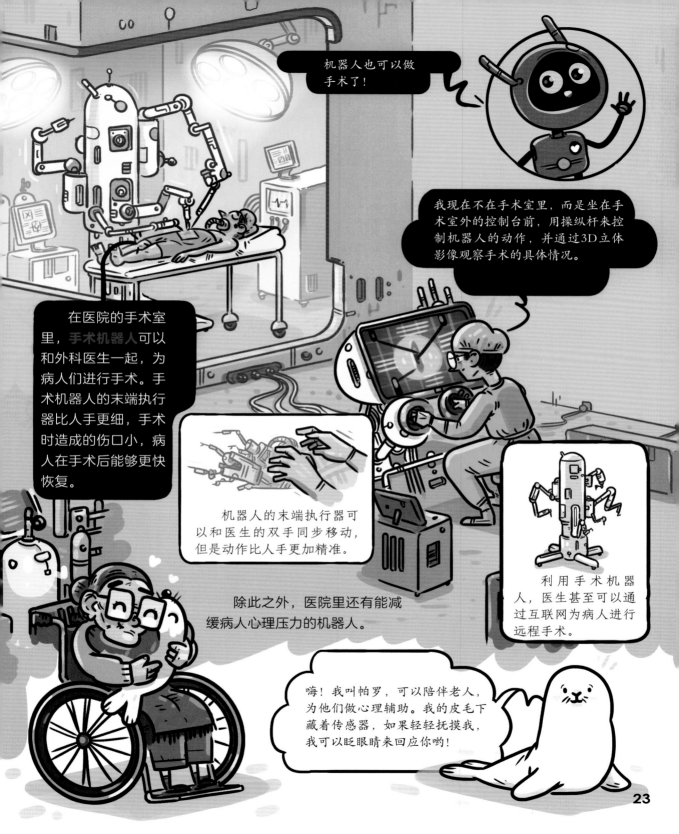

机器人也可以做手术了!

我现在不在手术室里,而是坐在手术室外的控制台前,用操纵杆来控制机器人的动作,并通过3D立体影像观察手术的具体情况。

在医院的手术室里,**手术机器人**可以和外科医生一起,为病人们进行手术。手术机器人的末端执行器比人手更细,手术时造成的伤口小,病人在手术后能够更快恢复。

机器人的末端执行器可以和医生的双手同步移动,但是动作比人手更加精准。

利用手术机器人,医生甚至可以通过互联网为病人进行远程手术。

除此之外,医院里还有能减缓病人心理压力的机器人。

嗨!我叫帕罗,可以陪伴老人,为他们做心理辅助。我的皮毛下藏着传感器,如果轻轻抚摸我,我可以眨眼睛来回应你哟!

危险的任务，交给我

麦格博士出院了，小布和胖胖接他回实验室。这时他们发现一座大厦上有什么东西在动。

那座高楼上有人在擦窗户，好危险！

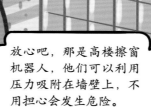

高楼擦窗机器人

放心吧，那是高楼擦窗机器人，他们可以利用压力吸附在墙壁上，不用担心会发生危险。

如果所有危险的地方，都有机器人来帮忙就好了，这样就能减少很多事故！

有些工作对人类来说非常危险，于是科学家设计了一些**特种机器人**去帮助人类。它们可以发出警报、排除爆炸物，甚至挽救人类的生命。

保安机器人装有微波雷达，可以探测到周围的情况，以此确定物品的状况及位置。如发现烟、火及入侵者，它会及时发出警报。

偷偷溜进来不会有人发现我的！

我的摄像头在夜晚也能看清楚东西，一眼就发现你了！

警察可以派机器人跟踪嫌疑犯或可疑人员，从而很快地抓捕他们。

在一场自然灾害之后，濒临倒塌的建筑物对人类来说太危险了，人们可以让这些**救援机器人**去探测和拯救生命。

这里探测到了生命迹象，快去救援他们。

救命！

救援机器人可以深入危险区域，用摄像机和探测仪来探测生命迹象，并且给远程操控的人们提供视频和声音反馈。

排爆机器人是帮助排爆人员销毁可疑物的机器人，它可以避免人员伤亡。

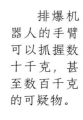

排爆机器人的手臂可以抓握数十千克，甚至数百千克的可疑物。

排爆机器人具有出众的爬坡、爬楼能力，能灵活抓起放置在不同位置的可疑物。

当排爆机器人清理可疑物时，我可以躲在很远的地方，即使可疑物爆炸也不会受伤。

身怀绝技的探索者

特种机器人

小布和胖胖看到了纪录片中火山喷发的场景，岩浆从火山口喷涌而出，十分壮观。

火山真好玩，我好想去那里探险！

小心！

慢着，我们可不能走进火山的内部，那里的温度足以把我们烧焦。

火山学家需要采集高温气体样本来研究火山，但是火山内部的高温让人望而却步。不过这可难不倒火山探索机器人，"但丁2号"机器人曾成功抵达火山口底部，收集了科学家们需要的许多样本。

在这个世界上还有很多人类无法踏足的领域，为了探索地球上的更多区域，科学家发明了可以代替人类前往未知领域的机器人。

空中侦察　　极地探索

森林保护

沙漠治理

海底探测

我们现在看到的是距地面几千米的海底。

小布又看到了关于海底的节目，它对这片深不见底的大海也充满了好奇。

天哪，这么深！我们都无法抵达。

众所周知，海底世界不仅水压非常大，而且伸手不见五指，环境非常恶劣，许多海域是人类无法抵达的。但是海底探测机器人可以潜入更深的海域，并且停留更久的时间。

1000米

2000米

"海洋1号"机器人有一套可以通过触觉反馈信息给工作人员的神经系统，当它在海底有了新发现时，在水面上的操作员也可以接收到这些信息。

10000米

机器人的探照灯照亮了一个巨大的沉船残骸，"泰坦尼克号"找到了！

机器人抵达过太平洋最深处的马里亚纳海沟，这里在海面下10000米左右！

间机器人

麦格博士听说天文馆近期举办了新活动，于是他带着小布和胖胖在休息日前去体验了一番。

我们可不能随便登上太空，那里对我们的身体状况有很严格的要求，但是现在有很多空间机器人都登上了太空。

好想去真的太空看看呀！

空间机器人是一种在航天器或空间站上工作的机器人。

外太空的环境和地球上的环境差别很大，空间机器人可以在这种微重力、超低温、强辐射、照明差的环境中工作。因此，空间机器人比人类和其他机器人更适合在外太空中冒险和探索。

空间机器人会回收坏掉的卫星，把它们带回到空间站进行修理，修好后再把它放到需要工作的地方。

卫星只是出了点小故障，有时不能离开工作岗位，空间机器人会直接在卫星轨道上为它进行修理。

我们来到月球上，将对这里的气候、土壤和地形地貌进行勘察。我们能探测到带电粒子、磁场以及奇特的宇宙射线，并把观测到的影像传回地球。

空间机器人一般都配备摄像机、地震探测器以及能够"嗅"出一些化学物质味道的"鼻子"，一些空间机器人甚至还有手臂，可以将行星上的东西捡起来。

采集照片及热学数据。

分析岩石成分，仔细观察岩石的微细结构。

这个空间机器人力气很大，可以运输和组装大型的空间站。

空间机器人在获取周围环境、位置等信息后，可以形成三维地形图，并导航到达目的地。

1997年，"探路者"探测器成功在火星登陆，派出了空间机器人收集火星表面的数据。

走进人群

小布和胖胖在人来人往的步行街中看到了很多机器人，它们都在为人类提供各种各样的服务。

哇！有这么多机器人！

是啊，它们可以在我们的日常生活中与我们互动。

我的这些小伙伴可真厉害呀！

我们在商场、餐厅、广场上经常看到各种**服务机器人、娱乐机器人和社交机器人**，它们是机器人家族中的年轻成员。

服务机器人就像一个"小助理"，可以协助我们完成生活中的很多事情。

在餐厅，机器人可以为我们点餐，并把订单送往厨房。

你好

接到订单后，机器人大厨开始按照设定的程序烹饪菜肴。很快，新鲜的菜肴就出锅啦！

请问卫生间怎么走？

在商店的不同楼层，总能看到一些站在电梯旁的机器人，如果有人迷路了，可以上前向它问路。

直走30米再左拐就可以看到了。

动物机器人很受孩子们欢迎。

你也是小动物吗？

有些娱乐机器人学会了弹奏乐器，可以为人们演奏音乐。

社交机器人还可以感知人类的情感，并做出合适的表情或行动，与我们进行互动，成为我们的伙伴。

娱乐机器人与社交机器人可以和我们一起玩耍，或者与我们进行交流。它们有的像动物，有的像人，大部分拥有很可爱的外表。

我可以根据人们不同的喜好，选择聊天的话题与聊天方式。

哇！好厉害！

你好！

Hello！

有些社交机器人会讲多国语言。

看一场机器人大赛

机器人世界杯是机器人研究人员举办的一种比赛，这种比赛不仅可以像真人足球赛一样激烈有趣，还可以让人们有机会观摩到各种新型机器人。

麦格博士带着小布和胖胖来到了机器人竞赛馆，一场激烈的机器人足球大赛正在进行中！

我要在球门前坚守阵地。

别担心，我可以自己爬起来。

很多研究人员都会在大赛中展现他们最新的机器人研究成果。

研究人员

参加机器人足球赛的"机器人运动员"像真正的足球运动员一样，可以准确捕捉场上足球的运动轨迹，并努力把球踢到对手的球门里。

"机器人运动员"的摄像机可以实时采集场地的图像，识别出谁是自己的"队友"，谁是对方的"球员"，并认准球和球门的位置与方向。

工作人员正在场外给"机器人运动员"培训。

看！1号机器人突破了对方的防守，马上就要进球了！

机器人世界杯中的一些研究成果可以运用到现实生活中机器人的应用上，如搜索与救援、虚拟现实等领域。

仿人机器人

模仿人类的"高手"

博士的实验室来了一位新客人——小美。小布和胖胖都好奇地跑出来迎接，但走进来的却是一个可爱的"小女孩"机器人。

> 哈哈，别看我长得像人类，其实我是一个仿人机器人。

仿人机器人是一种外观与人类相似的机器人，它具有与人类相似的头部和四肢，是模仿人的形态和行为而设计制造的机器人。

头部

胳膊

腿部

仿人机器人

> 我好难过!

> 没关系，抱抱你!

有些仿人机器人全身都装上了传感器，它们甚至可以识别出人的情绪，并作出相应的反应。

> 我也会，比如我看到好吃的就会很兴奋!

 高兴

 兴奋

 生气

 惊讶

无奈

有些仿人机器人不仅可以识别人类的情绪，还可以用丰富的表情来表达自己的"感受"。

> 我能通过改变头部、嘴唇和眉毛的位置来表达自己的情绪。

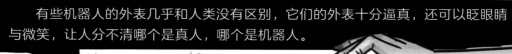

有些机器人的外表几乎和人类没有区别，它们的外表十分逼真，还可以眨眼睛与微笑，让人分不清哪个是真人，哪个是机器人。

跟我长得简直一模一样！

的确呢！

一般机器人的制作材料主要是硬度很高的金属材料，但一些仿人机器人被科学家用仿生皮肤材料制作成和人类非常像的外表。

有些人看到长得特别像人类的机器人会感到紧张不安，这是因为这些机器人和人类长得太像了，但它们又不是真正的人类，这就叫"恐怖谷理论"。

喜欢程度

人类

机器与人类相似度

恐怖谷

两条腿！

仿人机器人使用双腿走路是一件很不容易的事情，因为走路会导致身体重心不断变化，机器人很容易由于无法保持平衡而摔倒。

仿人机器人可以适应人类的生活和工作环境，并且与人类友好地相处，在很多生活场合都得到广泛应用。

提起左脚，重心在右脚。

移动重心至两脚之间。

放下左脚，向前迈步。

要想让机器人正常行走，需要不断调整和完善机器人行走模式的设计，通过大量数据和实验"教"会它们调整重心、保持稳定。

 不穿"盔甲"的变形怪

小布在水族馆里看到了一只软软的章鱼，听说麦格博士要通过章鱼做一些新研究。

这个章鱼的身体真的好软啊，我要是也有软软的身体就会更灵活了！

哈哈，现在已经有科学家研制出了更柔软的机器人，叫软体机器人！

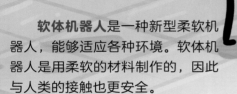

软体机器人是一种新型柔软机器人，能够适应各种环境。软体机器人是用柔软的材料制作的，因此与人类的接触也更安全。

人们提到机器人时，通常想到的都是坚硬又沉重的"钢筋铁骨"。

而软体机器人的"身体"通常非常柔软，是模仿自然界中各种生物而制成的。

软体机器人的驱动方式取决于不同的制作材料。很多软体机器人可以通过化学反应产生大量气体，并借助压强的变化实现运动。

也就是说，它们的能源不仅是电，还有可能是气体。

未来，这些柔软灵活的软体机器人还可以完成超快速地行走、游泳、漂浮等动作，并对周围动态环境迅速作出反应。

在软体机器人的体内嵌入微小的磁体，它们还可以通过磁力驱动，根据不同任务的需要变换自身的形状。

软体机器人拥有异常灵活的身体，能跨越障碍，探访其他靠轮子滚动或双腿前进的机器人无法抵达的区域，适应各种特殊的人物与环境。

现在人们还制造出了**液态金属**，这类金属不是固定不变的，它是一种可以流动的液体。有了这些材料，未来科学家致力于制造出更灵活的液态金属机器人。

在遇到一个比自身小的洞口时，软体机器人可以缩小自己的身体。

软体机器人也可以根据环境的情况改变自己的颜色。

纳米机器人

作者简介：

项华，北京师范大学教授、博士生导师，专业方向为物理课程与教学论、科学教育与传播、小学科学教育。创立了数据探究整合理论，奠定了信息技术与理科教学整合的基础。现主持旨在提高青少年群体科学信息素养水平的国家级项目——"互联网＋背景下的数字科学家计划理论与实践"。

绘者简介：

格克切·阿古尔，一位来自土耳其的插画师，专注于儿童图画书和漫画书。他已经为两百多本书籍和漫画书画了插图，并将继续为动画、漫画、图画小说和图画书提供插图服务。